FENGLI FADIAN ZHIYE JIAOYU PEIXUN DAGANG

风力发电职业教育培训大纲

龙源电力集团股份有限公司　组编

U0387327

中国电力出版社
CHINA ELECTRIC POWER PRESS

内 容 提 要

随着风电装机规模的快速增长和风机运维难度不断加大，加快提升风电企业生产岗位员工的风电基础理论水平，有效提升风电企业的安全生产运营能力，龙源电力集团股份有限公司组织专业技术人员和专家学者编著了风力发电职业培训系列教材与配套的培训大纲、考试大纲和题库。

本书可作为风电行业新入职员工、安全管理人员、风电场运行检修人员技能培训用书，也可供风电专业师生及从事风电行业的科研、技术人员学习使用。

图书在版编目（CIP）数据

风力发电职业教育培训大纲/龙源电力集团股份有限公司组编. —北京：中国电力出版社，2019.2
ISBN 978-7-5198-2787-8

Ⅰ．①风…　Ⅱ．①龙…　Ⅲ．①风力发电－高等职业教育－教材　Ⅳ．①TM614

中国版本图书馆 CIP 数据核字（2018）第 287882 号

出版发行：中国电力出版社
地　　址：北京市东城区北京站西街 19 号（邮政编码 100005）
网　　址：http://www.cepp.sgcc.com.cn
责任编辑：孙　芳（010-63412381）
责任校对：黄　蓓　闫秀英
装帧设计：赵姗姗
责任印制：吴　迪

印　　刷：三河市万龙印装有限公司
版　　次：2019 年 2 月北京第一版
印　　次：2019 年 2 月北京第一次印刷
开　　本：787 毫米×1092 毫米　16 开本
印　　张：2.75
字　　数：50 千字
定　　价：15.00 元

编 辑 委 员 会

序

随着以煤炭、石油为主的一次能源日渐匮乏，全球气候变暖、环境污染等问题的不断加剧，人类生存环境面临严峻挑战。有鉴于此，风力发电作为绿色清洁能源的主要代表，已成为世界各主要国家一致的选择，在全球范围内得到了大规模开发。龙源电力集团股份有限公司（以下简称龙源电力），以风力发电为主的新能源发电集团，截至 2018 年底风电装机规模达 1867 万 kW，自 2015 年起持续保持全球最大风电运营商地位。

在风电持续十多年的开发建设中，风力发电设备日渐大型化，机型结构和控制策略日新月异，设备运行、检修和管理的标准、规程逐步完善，并网技术初成系统。然而风电场地处偏远、环境恶劣、机型复杂、设备众多，人员分散且作业面广。随着装机容量和出质保机组数量的逐年增加，安全生产局面日趋严峻，如何加速培养成熟可靠的运行、检修人员，成为龙源电力乃至整个行业亟待解决的问题。

为强化风电运行和检修岗位人员岗位培训，龙源电力组织专业技术人员和专家学者，历时两年半，三易其稿，自主编著完成了《风力发电职业培训教材》。该套教材分为《风力发电基础理论》《风电场安全管理》《风电场生产运行》《风力发电机组检修与维护》四册，约 146 万字，凝聚了龙源电力多年来在风电前期测风选址、基建工艺流程、安全生产管理以及科学技术创新的成果和积淀，填补了业内空白。

为了进一步提高员工培训与学习效果，龙源电力依据《风力发电职业培训教材》，结合风电生产人员岗位职责与任职资格要求，编写完成了《风力发电职业教育培训大纲》《风电场生产岗位任职资格考试题库及大纲》，为风电企业深入开展职业培训、实施岗位任职资格考试认证奠定了坚实的基础。

龙源电力作为国内风电界的领跑者，全球第一大风电运营商，国际一流的新能源上市公司，肩负着节能减排、开拓发展、育人成才的重任，上岗培训教材和其他系列培训教材的陆续出版将为风电行业的开发经营、人才培养起到积极作用。

前　言

　　近年来，我国风电行业快速发展，风电装机容量和发电量稳居世界第一。为应对风电装机规模快速增长和风机运维难度不断加大所带来的挑战，为加快提升风电企业生产岗位员工的风电基础理论水平，有效提升风电企业的安全生产运营能力，龙源电力集团股份有限公司组织专业技术人员和专家学者编著了风力发电职业培训系列教材与配套的培训大纲、考试大纲和习题集。其中《风力发电职业培训教材》（四册）已于 2016 年正式出版，《风力发电职业教育培训大纲》《风电场生产岗位任职资格考试题库大纲》作为《风力发电职业培训教材》的配套教材，主要用于风电企业开展职业培训、实施岗位任职资格考试和风电生产人员自学、备考等，也可以作为风电职业技能鉴定的参考书目。

　　《风力发电职业教育培训大纲》是对应《风力发电职业培训教材》（四册）分别编写的培训与学习纲要，共有 36 章，每一章的内容包括学习提示、基本知识点、拓展知识点、培训内容等。本书由黄晓杰、李延峰、黄仁泷、张俊浩、徐鸿平、王新亮共同编写，孙海鸿负责整体编排与审定。同时，龙源电力集团股份有限公司赵力军、李力怀、丁英龙、邓欢，安徽龙源风力发电有限公司张敏、浙江龙源风力发电有限公司吴金城、甘肃龙源风力发电有限公司魏亮、黑龙江龙源新能源发展有限公司刘志强、苏州龙源风电培训中心王建国等专家也参与了本书的审核工作。

　　另外，本书在编写过程中得到了国家能源投资集团有限责任公司朱炬兵、汤涛祺等同志的悉心指导和大力支持，在此一并表示诚挚感谢。

　　本书力求知识点详尽、准确，但限于经验和理论水平，培训大纲中难免会出现不妥之处，恳请各位读者及时提出宝贵意见，以便修订时加以完善。

编者

2019.2

目 录

序

前言

第一册 《风力发电基础理论》

第二册 《风电场安全管理》

第三册 《风电场生产运行》

第四册 《风力发电机组检修与维护》

第一册

《风力发电基础理论》

第1章 风力发电发展综述

学习提示

本章介绍从古代帆船到现代风力发电的风能利用发展史，展示以风力发电为代表的新能源发展的意义，以及国内外风力发电的发展现状与未来趋势，帮助风力发电从业人员了解行业发展背景。

基本知识点：失速型功率调节，变转速。

拓展知识点：风能利用，海上风力发电。

培训内容

1.1 早期的风能利用

（1）熟悉能源的分类。

（2）了解风能利用史。

1.2 了解风力发电技术的演变

1.3 了解风力发电技术的发展趋势

1.4 了解海上风电场的兴起和发展趋势

1.5 了解我国风力发电设备制造的发展历程

1.6 了解我国的风电开发现状

第2章 风 资 源

学习提示

本章介绍风的形成及有关风的测量、分析和评估的知识，是风力发电基础知识中的基础。重点掌握形成风的三种作用力，理解其中的科氏力并不是真正的"力"，而是气流具有的惯性产生的现象；理解风切变产生的原因及变化规律；了解湍流对风电机组的不利影响；应理解通过风速平均值计算风功率密度可能引起的偏差，避免产生低级错误。除专门从事风资源分析和评估工作，对于测风数据的分析和评估方法做简单了解即可。学习本章，能够理解风的特点和变化规律，为深入理解风力发电控制技术和风电运行分析方法打下基础。

基本知识点：粗糙度，风切变，湍流，测风塔，平均风速，风功率密度，风能玫瑰图。

拓展知识点：气压梯度力，科氏力，热带气旋，大气边界层，沙尘暴。

🌿 培训内容

2.1　风的形成

（1）熟悉风的形成原理，气流是空气在气压梯度力和地转力（科里奥利力）的联合作用下沿着等压线运动而形成的。

（2）理解气压梯度力和地转力的含义。

（3）理解山谷风、海陆风的形成。

2.2　大气层

（1）了解大气的垂直分层结构，主要了解对流层的空气特性。

（2）熟悉粗糙度、风切变、空气密度、气压、湍流等影响风能大小的主要因素。

2.3　测风

（1）熟悉测风设备的组成。

（2）熟悉测风的技术要求。

2.4　测风数据分析

（1）熟悉风能分布的描述方式。

（2）能够识读风能、风向玫瑰图。

2.5　熟悉风资源评估的主要指标

2.6　我国的风能资源分布

（1）了解我国风能资源分布与主要的风能丰富区。

（2）了解影响我国风能资源分布的气象条件。

（3）了解影响风能利用的灾害性天气。

第 3 章　风力发电的空气动力学原理

🎋 学习提示

本章介绍与风力发电有关的空气动力学概念和基本理论。重点掌握风能计算方法、叶片翼型的气动特性与主要参数，理解风速变化与攻角的关系。

基本知识点：贝茨极限，攻角，失速，叶尖速比，实度。

拓展知识点：失速控制。

🌱 培训内容

3.1 掌握风能的定义，了解其计算方法

3.2 贝茨理论

（1）理解贝茨理论。

（2）了解贝茨极限推导的前提条件与推导分析过程。

3.3 翼型和空气动力特性

（1）掌握翼型的几何参数。

（2）掌握升力、阻力的定义。

（3）了解翼型截面形状对升力、阻力的影响，翼型弯度、厚度、前缘、表面粗糙度和雷诺数对升力、阻力的影响情况。

3.4 阻力型风力机与升力型风力机对比

理解阻力型、升力型风机的动力原理与优缺点。

3.5 风轮的空气动力学原理

（1）掌握风轮主要几何参数的定义：风轮轴线、旋转平面、风轮直径、叶片轴线、安装角或节距角。

（2）理解掌握翼型的受力分析。

（3）熟练掌握风电机组输出功率的计算公式与应用。

（4）掌握影响风轮特性的主要参数：叶尖速比、叶片数、叶片截面和实度。

3.6 风电机组的功率控制

（1）理解失速控制的原理与特点，以及失速过程中的气流特性。

（2）理解变桨距控制的原理与特点，以及变桨过程中的气流特性。

第 4 章　风电机组分类及典型结构介绍

🌬 学习提示

本章以四种具体机型为例介绍不同技术发展阶段及不同技术方案的风电机组构成特点与运行性能。重点学习定桨距失速型机组、变桨距双馈机组和永磁直驱机组。

基本知识点：定桨距，变桨距，变速发电。

拓展知识：GW750、UP1500、GW1500 三种机组结构特点。

4.1　风电机组的技术演变

（1）了解风机结构与控制技术的发展过程，掌握各类型风机的特点。

（2）熟悉变桨变速型风机传动链的三种布置方案。

4.2　风电机组主流机型的分类

（1）掌握风电机组主流机型的分类：定桨距失速型、变桨距型、变桨变速型。

（2）掌握定桨距、变桨距风电机组的优缺点。

（3）掌握双馈异步风机和直驱风机的总体结构与优缺点。

4.3　了解典型风电机组的结构与特点

第5章　风　　轮

学习提示

本章介绍风轮系统的结构组成、设计制造要求与运行工况，变桨系统的功能与运行过程。应掌握叶片结构与主体材料，了解设计要求与制造工艺，了解影响风轮运行的关键因素，能够判断分析风轮系统的常见故障。

基本知识点：风轮与叶片的主要参数（扭角、锥角、仰角），叶片结构与主体材料，真空灌注技术与工艺，变桨系统结构原理。

拓展知识点：叶片设计、叶尖制动。

培训内容

5.1　掌握叶片参数与风轮参数的定义

5.2　叶片设计

（1）了解叶片设计要求：极限变形，固有频率，叶片轴线的位置，积水，防雷保护。

（2）熟悉叶片载荷类型与产生原因。

5.3　叶片制造

（1）了解叶片材料组成与材料特性：玻璃纤维增强材料，树脂，黏合剂，夹芯材料，油漆。

（2）了解叶片制造工艺与技术特点：真空灌注，预浸料。

5.4　叶片主体结构

（1）熟悉叶片主体结构方案：主体材料，结构。

（2）熟悉叶根结构类型与特点：螺纹件预埋，钻孔组装。

（3）熟悉叶尖制动装置：装置类型，制动原理，设计原则。

（4）掌握叶片防雷系统结构组成与特点：系统结构，导线截面积要求，接闪点的数量与布置要求。

（5）掌握故障处理。

5.5　轮毂

（1）熟悉轮毂的结构形式。

（2）了解轮毂材料（球墨铸铁）与特性。

5.6　变桨系统

（1）熟练掌握变桨系统的功能与控制过程。

（2）掌握液压变桨系统的组成、系统图与运行过程。

（3）掌握电动变桨系统的组成、系统图。

（4）熟悉电动与液压驱动变桨系统优缺点比较。

第6章　风电机组传动链

学习提示

本章介绍风机传动链的主要布置形式和传动链关键部件的结构特点。学习重点：掌握传动链的主要布置形式与特点，掌握主轴、联轴器和齿轮箱三个关键部件的结构、性能与应用特点。

基本知识点：有齿轮箱风电机组传动链，直驱型风电机组传动链，胀套式联轴器，齿轮箱，齿轮箱辅助系统。

拓展知识点：轮系，齿轮箱密封。

培训内容

6.1　传动链布置

（1）掌握有齿轮箱的传动链布置形式和特点。

（2）掌握直驱型风电机组传动链布置形式和特点。

（3）了解半直驱型风电机组传动系统布置和特点。

6.2　主轴

（1）了解主轴作用。

（2）了解主轴常用材料、材料性能与加工要求。

（3）了解主轴的装配要求与程序。

6.3　联轴器

（1）了解联轴器的作用。

（2）掌握刚性和弹性联轴器的应用特点。

（3）熟悉常用联轴器的结构、性能与特点。

6.4 齿轮箱

（1）了解轮系与齿轮传动类型。

（2）熟练掌握齿轮箱的功能与风电对齿轮箱的特殊性要求。

（3）掌握齿轮箱的结构和主要零部件。

（4）掌握齿轮箱的传动方案与特点。

（5）掌握齿轮箱辅助系统的组成及工作原理。

第7章 风电机组发电机

学习提示

本章介绍用于风力发电的三种发电机。鼠笼式异步发电机结构最简单，需要软并网装置限制并网冲击电流，运行阶段需要进行就地无功补偿。双馈异步发电机转子绕组由外接变流器励磁，转子绕组端子经位于非驱动端的集电环室引出。永磁同步发电机采用多级设计，其额定转速与叶轮转速配合，省去了增速齿轮箱。双馈发电机和同步发电机额定功率较大、发热量更多，需要更为完善的冷却功能。

基本知识点：同步转速，旋转磁场，转差，软并网过程，无功补偿。

拓展知识点：永磁体。

培训内容

7.1 异步发电机

（1）掌握异步发电机的结构组成与工作原理。

（2）掌握异步发电机的类型与结构特点。

（3）掌握异步发电机的并网特性，理解软并网过程。

（4）掌握异步发电机并网运行时需要补偿无功的原因与补偿方式。

7.2 双馈异步发电机

（1）掌握双馈异步发电机的基本结构。

（2）掌握双馈异步发电机的工作原理。

7.3 同步发电机

（1）掌握同步发电机基本结构与工作原理。

（2）熟悉电励磁同步发电机的工作原理与特点。

（3）掌握永磁同步发电机的工作原理与特点。

第8章 风电机组控制系统

学习提示

本章全面介绍三种风电机组的发电控制原理及系统构成。掌握定桨定速机组软并网装置的工作原理和组成结构。重点学习变桨变速风电机组的发电控制原理，包括矢量变换控制和直接转矩控制。了解低电压穿越技术，掌握 GB/T 19963—2011《风电场接入电力系统技术规定》对风电场低电压穿越能力的规定要求。

基本知识点：风电机组控制系统组成与功能，变流器，矢量控制，直接转矩控制，IGBT，晶闸管，风电场功率控制方式，传感器。

拓展知识点：滞环比较器，软并网装置结构原理，低电压穿越，Crowbar 保护。

培训内容

8.1 控制系统概述

（1）了解风电机组控制技术的发展。

（2）掌握控制系统的组成。

（3）掌握控制系统的功能。

8.2 定桨恒速风电机组控制系统

（1）了解定桨恒速风电机组的工作特性。

（2）理解定桨恒速风电机组的发电过程控制。

8.3 变速恒频风电机组的控制

（1）掌握变速恒频风电机组的控制目标。

（2）了解变速恒频风电机组的控制策略。

（3）了解变速恒频风电机组的控制方法。

8.4 变流器

（1）了解变换器的主要类型。

（2）了解两电平电压型变换器的拓扑结构与工作特点。

（3）了解 IGBT 的结构与工作特点。

（4）理解双馈异步发电机变流器的工作原理。

（5）理解永磁同步发电机变流器的工作原理。

8.5 风电机组的并网技术

（1）熟悉定桨恒速风电机组软并网系统的结构原理与特性。

（2）掌握双馈异步风电机组的并网控制过程。

（3）掌握永磁同步风电机组的并网控制过程。

（4）理解风电场低电压穿越的要求。

（5）掌握变速恒频机组的低电压穿越特性与保护装置的结构原理。

（6）熟悉风电场无功功率与有功功率的控制方式。

8.6 传感器

（1）掌握温度传感器的工作原理。

（2）掌握振动传感器的工作原理。

（3）掌握风速、风向传感器的工作原理。

（4）掌握接近式开关的工作原理。

（5）掌握增量式编码器的工作原理。

（6）掌握位移传感器的工作原理。

（7）掌握偏航位置传感器的工作原理。

第9章 风电机组其他系统

学习提示

本章介绍风电机组除主控系统以外的 4 个辅助系统（偏航、润滑、液压、制动）的结构原理及运行维护要求。

基本知识点：偏航控制，扭缆保护，机组设备润滑要求，油品使用注意事项，液压系统，机组主要制动系统。

拓展知识点：油品的组成，油品特性与性能指标，比例控制技术。

培训内容

9.1 偏航系统

（1）熟练掌握偏航系统的功能。

（2）熟练掌握偏航系统的主要部件。

（3）熟练掌握偏航控制系统原理。

（4）了解偏航转速与风电机组功率的对应关系。

9.2 风电机组润滑

（1）掌握润滑对机械设备的作用。

（2）熟悉润滑分类。

（3）掌握润滑油、润滑脂与固体润滑剂的组成。

（4）掌握风电机组使用的油品应具备的特性。

（5）掌握风电机组的润滑要求。

（6）掌握油品的主要性能指标。

（7）掌握风电齿轮箱润滑的特殊要求。

（8）熟练掌握油品使用中的注意事项。

9.3　液压系统

（1）熟练掌握风电机组液压系统的主要功能。

（2）掌握常见液压元件符号与工作原理。

（3）熟练掌握液压系统原理图识读与分析。

（4）了解液压系统的试验内容。

9.4　制动系统

（1）理解气动制动机构的结构原理。

（2）了解机械制动机构的分类与结构原理。

第二册

《风电场安全管理》

━━ 第1章　风电企业安全管理 ━━

学习提示

本章介绍风电企业安全生产的重要性，相关法律法规，企业的安全目标和安全生产责任制，企业在生产过程中的保障和监督体系；介绍企业安全管理的例行工作。学习本章有助于快速了解风电企业安全管理的相关要求，熟悉和掌握风电行业相关安全规程、运行规程、检修规程等。

基本知识点：安全生产法，安全规程，风电安全，检修规程，消防规程，安全职责，事故调规。

拓展知识点：安全目标管理，安全性评价，现场应急处置方案。

培训内容

1.1　风电企业安全生产概述

（1）了解风电企业安全生产的重要性。

（2）了解风电企业安全生产的特点。

（3）了解风电企业安全生产的主要任务。

1.2　安全管理的法律基础

（1）了解《中华人民共和国电力法》《交通安全法》《特种设备安全法》《消防法》等法律法规。

（2）了解《中华人民共和国安全生产法》，掌握从业人员的安全生产权利义务，安全生产的监督管理。

（3）了解安全生产的行政法规。

（4）熟练掌握《电力安全工作规程》（电气部分、线路部分、机械部分），风电场安全规程，运行规程，检修规程等风电场安全管理相关行业标准（指定规程版本）。

（5）熟悉特种作业与特种设备。

1.3　风电企业安全目标管理

了解安全管理目标、控制和实施。

1.4　风电企业安全生产责任制

（1）熟悉本岗位安全生产责任制内容。

（2）熟悉本岗位的安全职责。

1.5　安全生产保障体系和监督体系

（1）了解安全监督人员的基本要求、权利。

（2）熟悉安全监督的主要内容。

1.6　熟悉安全管理例行工作

（1）熟悉风电企业的安全检查。

（2）熟悉风电企业的安全分析。

（3）熟悉安全生产例会。

（4）熟悉反事故措施和安全技术劳动保护措施。

（5）熟悉劳动防护用品的管理。

（6）熟悉发承包工程安全管理。

1.7　应急管理

熟悉应急预案的体系。

1.8　安全性评价

熟悉安全性评价实施阶段的主要程序和简要内容。

1.9　事故调查

（1）熟悉事故等级的划分。

（2）了解事故调查的工作规范。

第 2 章　电气安全防护技术及应用

学习提示

本章介绍安全用电的基本知识，电气设备的绝缘防护，接地装置的安全性要求，剩余电流动作保护的原理。通过学习，掌握防止触电的保护措施，熟悉低压配电系统的供电方式和剩余电流动作保护装置的使用，掌握过电压防护和防雷措施。

基本知识点：安全电压，安全电流，绝缘类型，IP 防护等级，保护接地，保护接零，剩余电流动作保护装置，过电压防护。

拓展知识点：TT 系统，TN 系统。

培训内容

2.1　安全用电基本知识

（1）掌握安全电压和安全电流的概念。

（2）熟悉电流对人体伤害的方式。

（3）掌握防止触电的保护措施。

（4）掌握防止触电的方式及安全用电的注意事项。

2.2　绝缘防护

（1）掌握电气设备的绝缘类型和分类。

（2）掌握电气设备绝缘测量和电气预防性试验的方法。

（3）掌握电气设备的防护等级的含义。

2.3　了解屏护的装置及使用场合

2.4　掌握电气设备安全距离的要求

2.5　保护接地和保护接零

（1）掌握低压配电系统的供电方式，保护接地的基本原理、方式、区别。

（2）掌握风电场升压站及风电机组接地装置的测量方法。

2.6　接地装置和接零装置

（1）掌握接地的类型、一般要求。

（2）掌握防雷接地的检查和接地电阻的检测。

2.7　剩余电流动作保护装置

（1）掌握剩余电流动作保护装置的原理、动作整定值的选择。

（2）掌握剩余电流动作保护装置的选用及安装使用。

2.8　电气安全联锁装置

（1）掌握电气"五防"的要求。

（2）掌握紧急解锁钥匙的使用要求。

2.9　过电压与防雷保护

（1）掌握电气设备操作过电压发生的原因及防护。

（2）掌握雷电的常见类型及危害。

（3）掌握风电机组防雷的措施。

第3章　安全工器具

学习提示

本章介绍风电企业电气安全工器具的分类和使用管理，安全标示牌、安全帽、安全鞋防护用具的使用，个人防护用品的用途和安全注意事项，安全工器具预防性试验周期要求。

基本知识点：安全工器具，安全标示牌，安全防护用具，个人防坠落用品，预防性试验项目。

拓展知识点：正压式呼吸器使用，SF$_6$气体检漏仪使用。

🌱 培训内容

3.1 安全工器具的作用与分类

熟悉安全工器具的作用和分类、使用及管理要求。

3.2 安全工器具的使用与管理

熟练掌握安全工器具的使用及注意事项。

3.3 一般防护安全用具的使用与管理

掌握一般防护安全用具的使用及注意事项。

3.4 安全标示牌和临时遮栏

掌握安全标示的分类、含义及使用。

3.5 个人防坠落防护用品的使用

熟练掌握个人安全防护用品的使用和注意事项。

3.6 安全工器具的管理方法

（1）掌握安全工器具的保管的要求。

（2）熟悉安全工器具的试验项目、周期和要求。

第4章 危险源辨识及防护

🌀 学习提示

本章介绍风电企业危险源的种类、特性，危险源的分析及危险点的防护。通过学习，掌握风电企业在安装、生产、检修过程中存在的物体打击、机械伤害、起重伤害、触电、灼烫、火灾、高处坠落等危险源，熟知风电企业生产过程的危险点及防护措施。

基本知识点：一类危险源，二类危险源，风电企业危险源，危险点的防护。

拓展知识点：危险源分析，危化品 MSDS 信息。

🌱 培训内容

4.1 基本知识

掌握危险源的基本概念、分类及定义。

4.2 风电企业危险源分析

熟悉风电企业存在的主要危险源。

4.3 风电企业危险点防护

掌握风电企业主要危险点防护的措施。

第5章 电气安全工作制度

学习提示

本章介绍风电企业"两票三制"的主要内容。通过学习，掌握倒闸操作的基本概念、风电企业工作票和操作票的使用和管理，熟知交接班、巡回检查、设备定期试验轮换制度主要内容和要求，掌握停电、验电、装设接地线的安全技术措施。

基本知识点：操作票，工作票，定期试验切换项目。

拓展知识点： 倒闸操作。

培训内容

5.1 风电企业操作票的使用与管理。

（1）掌握电气设备运行状态的定义。

（2）掌握操作票的填写、使用和管理。

（3）掌握倒闸操作的注意事项。

5.2 风电企业工作票的使用与规定

（1）掌握工作票各级人员的职责。

（2）掌握工作票的填写、使用和管理。

5.3 电气安全技术措施

掌握电气安全的技术措施。

5.4 交接班制度

掌握交接班的一般要求。

5.5 巡回检查制度

掌握巡回检查主要内容及注意事项。

5.6 设备定期试验轮换制度

掌握每月定期试验切换的项目和周期。

第6章 消 防 安 全

学习提示

本章介绍风电企业的火灾危险识别、预防、扑救、逃生及消防管理，了解电气火灾中易燃易爆物质及引燃条件。通过学习，掌握风电企业电气火灾的扑救常用识，熟知灭火器的配置和正确使用，掌握风电场消防安全管理。

基本知识点：爆炸物，易燃气体，易燃液体，引燃条件，二氧化碳灭火器，干粉灭火器，自动报警装置。

拓展知识点：有机过氧化物、防爆性能、消防给水系统。

🌱**培训内容**

6.1　基本知识

（1）熟悉火灾和爆炸的易燃物质和引燃条件。

（2）掌握火灾扑救的方法。

6.2　易燃易爆品消防安全管理规定

了解易燃易爆品的种类及特点。

6.3　灭火器的配置、管理规定

（1）掌握灭火器配置的场所的火灾种类。

（2）掌握风电场灭火器设置的位置和要求。

（3）掌握灭火器的分类和正确使用方法。

（4）熟悉灭火器的检查和维修期限要求。

6.4　风电企业其他消防设施及使用

（1）了解火灾自动报警装置的基本原理和作用。

（2）了解固定灭火系统的种类及基本原理。

6.5　风电企业消防管理

（1）熟悉消防管理的方针、原则，掌握"四懂""四会"。

（2）掌握风电企业的防火重点部位。

（3）掌握风电场采取的防火措施和方法。

（4）掌握风电机组采取的防火措施和方法。

第7章　现　场　急　救

🌬️**学习提示**

本章介绍现场急救的主要类型。通过学习，掌握触电急救方法、心肺复苏法，掌握外伤急救的止血、包扎、固定、搬运的基本方法和要点，掌握中暑急救、安全救援的要点和处理方法。

基本知识点：心肺复苏法，止血，包扎，固定，搬运，中暑。

拓展知识点：安全救援。

7.1 触电急救

（1）熟悉触电的危害。

（2）熟悉触电的临床表现。

（3）掌握触电的现场急救方法。

7.2 心肺复苏法

掌握心肺复苏法现场急救的方法和步骤。

7.3 外伤急救

（1）掌握外伤急救的原则。

（2）熟悉出血方式，掌握止血的方式、方法及注意事项。

（3）掌握包扎的注意事项。

（4）掌握骨折的主要症状、急救要点搬运方式。

7.4 中暑急救

熟练掌握中暑的症状表现和处理方法。

7.5 安全救援

掌握高空悬挂的安全救援要点。

第8章 典型事故案例分析

学习提示

本章介绍近年来风电行业内发生的人身和设备事故案例。通过学习，熟知事故发生的原因和防止事故发生的措施。

培训内容

8.1 人身伤亡事故

熟悉事故案例中的主要原因及应采取的防范措施。

8.2 火灾事故

熟悉事故案例中的主要原因及应采取的防范措施。

8.3 倒塔事故

熟悉事故案例中的主要原因及应采取的防范措施。

8.4 输变电设备事故

（1）熟悉事故案例中的主要原因及应采取的防范措施。

（2）掌握小接地系统发生单相接地时的故障判断和分析。

第三册

《风电场生产运行》

第1章　风电场运行管理模式和主要工作内容

学习提示

本章介绍风电场的运行管理模式和主要工作内容。主要了解国内现有典型风电场运行管理模式的优势和不足、风电场运行管理模式的新动向，熟悉风电场运行的主要工作内容。海上风电生产人员还要掌握海上风电场运行工作的特殊要求。

基本知识点：运检合一，运检分离，运检外委。

拓展知识点：区域远程监控。

培训内容

1.1　风电场运行管理模式

（1）了解国内风电场典型的运行管理模式。

（2）了解风电场运行管理模式新方向和国外专业化管理。

1.2　风电场运行主要工作内容

（1）熟悉输变电设备运行主要工作内容。

（2）熟悉风电机组运行主要工作内容。

（3）熟悉风电场其他运行主要工作内容。

（4）了解海上风电场运行工作的特殊要求。

第2章　风电场电气设备

学习提示

本章介绍电力系统基本概念和基础理论。学习电气一、二次设备基本原理和结构，掌握主要设备的运行技术参数和性能特点，是风电场各级人员做好运行管理工作的基础。重点学习风电场电气系统组成和接入系统相关要求；学习电气主接线基本知识，掌握风电场电气主接线技术形式；理解电力系统中性点不同接地方式的工作原理、电气特性和适用范围，掌握风电场中性点接地方式相关知识；学习并重点掌握变压器、箱式变电站、高压断路器、熔断器、互感器、无功补偿、防雷设备、直流系统、继电保护及安全自动装置等设备的基本知识和相关要求。

基本知识点：接入系统，电气主接线，接地方式。

拓展知识点：电力系统，电压等级，一次设备，二次设备。

🌱 培训内容

2.1 电力系统及风电场电气系统

（1）了解电力系统概念、特点及要求。

（2）熟悉电力系统的电压等级。

（3）掌握风电场电气系统的构成和作用。

（4）熟悉掌握风电机组电气系统。

（5）掌握风电场接入系统技术要求。

2.2 电气主接线

（1）掌握一次设备概念和图形符号。

（2）熟悉电气主接线概念、基本形式。

（3）熟练掌握风电场电气主接线。

2.3 电力系统中性点接地方式

（1）熟悉电力系统中性点接地方式。

（2）掌握风电场系统中性点接地方式。

2.4 一次设备

（1）熟悉一次设备的原理、分类和结构。

（2）熟练掌握一次设备的型号、技术参数和运维要求。

2.5 二次设备

（1）熟悉二次设备概念和图形符号。

（2）熟悉二次接线图概念和表示方式。

（3）熟悉二次接线图的识图、阅图和分析。

（4）了解继电保护及安全自动装置概念、结构和基本原理。

（5）熟悉继电保护及安全自动装置基本要求和种类。

（6）了解微机监控系统概念和基本原理，掌握其功能。

（7）熟悉主要仪表及计量装置回路和功能。

（8）了解电力调度通信与自动化基本概念、组成。

（9）熟悉电力调度数据安全分区和安全防护。

（10）了解风电场通信系统的功能及构成。

（11）熟悉直流系统功能、构成和运维要求。

第3章 风电场运行监控

学习提示

本章介绍通过风电场运行监控实现对发输变电设备运行的监视、控制和调整的系统功能。重点学习风电场运行监控内容，熟悉风电机组监控系统和变电监控系统；熟悉风电场有功功率和无功功率控制系统的结构和功能；熟悉风电场功率预测系统和集中监控系统相关知识。

基本知识点：风电机组监控，变电监控，有功功率控制，无功功率控制。

拓展知识点：功率预测，集中监控。

培训内容

3.1 了解风电场运行监控的监视、控制、调整方法

3.2 风电场风电机组监控系统

（1）熟悉风电场风电机组监控系统的构成、系统硬件及要求。

（2）熟悉风电场风电机组监控系统的数据管理、功能模块及应用实例。

3.3 变电监控系统

熟悉变电监控系统主要功能和结构。

3.4 风电场有功功率和无功功率控制

（1）熟悉风电场有功功率的控制要求、方式、范围、接口。

（2）熟悉风电场无功功率的控制要求。

3.5 熟悉风电场功率预测的意义及方法

3.6 熟悉风电场集中监控系统的作用及组成

第4章 风电场运行操作

学习提示

运行操作是风电场运行人员的重要工作内容。本章介绍倒闸操作、设备定期切换试验、定期检查和测量等运行操作内容。重点掌握电气设备的四种状态和调度术语；熟悉倒闸操作基本条件、步骤和要求，掌握倒闸操作技术原则；掌握风电场定期切换试验、检查和测

量的内容和要求。

　　基本知识点：倒闸操作，热备用，冷备用，检修状态，典型操作票。

　　拓展知识点：定期切换，定期检查，定期测量。

培训内容

　　4.1　倒闸操作

　　（1）熟悉倒闸操作基本概念和调度术语。

　　（2）掌握电气设备四种状态。

　　（3）熟悉倒闸操作基本条件、步骤、注意事项。

　　（4）掌握倒闸操作技术原则。

　　（5）熟悉典型操作票。

　　4.2　定期切换试验、检查和测量

　　（1）掌握风电场设备定期切换和注意事项。

　　（2）掌握风电场设备定期检查和注意事项。

　　（3）掌握风电场设备定期测量和注意事项。

　　（4）熟悉风电场设备定期切换试验和检查工作的其他注意事项。

第5章　风电场巡视检查

学习提示

　　巡视检查是风电场运行人员的一项主要工作，是发现设备缺陷和隐患的主要途径。本章介绍风电场日常巡视、特殊巡视、夜间熄灯巡视、交接班巡视、专项巡视检查等内容。重点学习巡视检查的方法和相关规定，以及风电场主要设备的巡视检查内容。

　　基本知识点：巡视检查，特殊巡视。

　　拓展知识点：检查项目。

培训内容

　　5.1　风电场巡视检查

　　（1）熟练掌握巡视检查的方法、规定和注意事项。

　　（2）熟练掌握特殊巡视的重点检查项目。

　　5.2　风电场主要电气设备的巡视检查项目

　　（1）熟练掌握变压器的巡视检查项目。

　　（2）熟练掌握 GIS、高压开关柜、防雷设备的巡视检查项目。

（3）熟练掌握高压断路器、隔离开关、母线的巡视检查项目。

（4）熟练掌握电压互感器、电流互感器的巡视检查项目。

（5）熟练掌握无功补偿装置、消弧线圈的巡视检查项目。

（6）熟练掌握低压交流系统、直流系统、二次设备的巡视检查项目。

（7）熟练掌握架空线路、电力电缆、场用变压器、箱式变压器、测风塔的巡视检查项目。

5.3　风电机组的巡视检查项目

（1）熟练掌握风电机组基础及塔架、偏航系统的巡视检查项目。

（2）熟练掌握、叶片与变桨系统、传动系统的巡视检查项目。

（3）熟练掌握发电机、液压系统及水冷系统的巡视检查项目。

（4）熟练掌握电控系统及其他巡视检查项目。

第6章　风电场运行管理

学习提示

运行管理是风电场的一项主要管理工作，本章介绍风电场运行管理制度、技术管理、生产指标与运行资料和班组建设等工作。重点学习风电场运行管理制度；学习风电场运行分析记录、定值管理、技术监督、状态监测和技术档案管理；熟悉风电场记录台账、数据存储和统计报表；学习风电场班组建设相关内容。

基本知识点：运行管理，管理制度，技术管理。

拓展知识点：生产指标，运行资料，班组建设。

培训内容

6.1　风电场运行管理制度

（1）熟悉风电场工作制度。

（2）熟悉风电场运行工作制度。

（3）熟悉风电场备件管理制度。

（4）熟悉风电场交接班制度及应具有的规程制度。

6.2　风电场运行技术管理

（1）熟悉风电场技术档案管理。

（2）熟悉现场运行记录、运行分析。

（3）熟悉风电场保护定值管理。

（4）熟悉风电场技术监督、状态监测。

（5）熟悉风电场管理信息系统、点检系统。

6.3 风电场生产指标与运行资料

（1）熟悉风电场应具备的记录台账、数据储存。

（2）熟悉风电场安全生产指标统计、报表清单。

6.4 风电场班组建设

（1）了解风电场班组生产组织、工作要求。

（2）了解风电场班组文明生产、安全管理。

（3）了解风电场班组技能培训、劳动竞赛。

（4）了解风电场班组创新管理、对标管理、民主建设。

第 7 章 风电场运行故障分析与事故处理

学习提示

本章介绍风电场运行的故障分析和事故处理，包括输变电设备和风电机组的故障分析与事故处理。重点学习风电场异常运行与事故处理的基本要求；熟悉风电场输变电设备的常见故障，掌握电气设备火灾事故处理原则；掌握风电场主要输变电设备异常及事故的处理方法；掌握风电场风电机组故障的一般性规律和分类，掌握风电机组常见故障的检查、分析与处理方法。

基本知识点：异常运行，故障分析，事故处理。

培训内容

7.1 熟悉风电场异常运行与事故处理基本要求

7.2 风电场输变电设备故障分析与事故处理

（1）掌握风电场输变电设备常见故障。

（2）掌握电气设备火灾事故处理原则。

（3）掌握变压器事故处理、互感器异常处理、集电线路故障处理。

（4）掌握断路器、隔离开关、避雷器异常运行与处理。

（5）掌握电气系统谐振过电压、母线故障处理。

（6）掌握电容器和直流系统异常运行与处理。

7.3 风电机组异常运行与事故处理

（1）掌握风电机组故障发生的一般性规律、故障分类。

（2）掌握风电机组故障原因分析方法、故障的检查与分析。

（3）掌握风电机组常见异常的分析处理、典型事故应对处理。

第四册

《风力发电机组检修与维护》

第1章 检修基础理论

学习提示

本章概况说明检修的概念和基础理论。准确理解检修相关的关键概念，初步了解有关理论方法，是掌握和运用具体风电检修知识技能的基础。

基本知识点：定期检修，非计划停运。

拓展知识点：维护，修理，检修。

培训内容

1.1 设备检修简介

（1）掌握检修的定义及分类。

（2）了解常见的几种检修管理理论。

（3）熟悉设备检修原则。

1.2 设备检修分类

（1）熟悉设备检修分类及特点。

（2）熟悉设备检修方式及类型的选择方法。

1.3 设备可靠性指标

（1）了解常用可靠性指标分类。

（2）掌握风电可靠性评价指标分类及定义。

1.4 设备故障理论

（1）掌握磨损理论及磨损曲线。

（2）掌握故障规律及浴盆曲线。

（3）了解故障分类。

（4）熟练掌握故障分析方法。

第2章 风电场检修管理

学习提示

运行管理是风电场的一项主要管理工作，通过学习，掌握检修管理的主要内容和基本原则要求，理解因风电场工作内容的分工差异而形成的不同运检管理模式的合理性和局限性，掌握检修管理各阶段的主要工作包括检修计划、检修实施、质量检验和检修总结的内容和要求。

基本知识点：检修管理，定期维护，大修。

拓展知识点：检修计划。

培训内容

2.1 检修管理

（1）掌握风电场检修管理的主要内容。

（2）掌握风电场检修管理的基本原则和要求。

2.2 风电场运检模式

（1）了解检修模式分类。

（2）熟练掌握日常检修工作流程。

（3）熟练掌握检修管理基本指标。

2.3 检修计划

（1）掌握检修计划的编制依据及分类。

（2）熟练掌握检修计划的制订与编写。

2.4 检修实施

（1）熟练掌握检修施工管理的内容。

（2）熟练掌握风电机组检修的安全措施和要求。

（3）熟练掌握进度控制。

2.5 检修质量

（1）熟练掌握总体要求。

（2）熟练掌握质量管理。

（3）熟练掌握验收。

2.6 检修总结

熟练掌握检修评价与总结。

24

第3章　检修基本技能及工器具

学习提示

本章遵循 GB/T 14689《技术制图图纸幅面和格式》的要求介绍电工识图知识。实际上，很多风机的电气图纸使用国外制图表示法，与国家标准规定有所不同，学习时应加以区别。要熟练掌握常用检修工具、量具和仪表使用方法。

基本知识点：螺纹连接，预紧，轴对中，扭矩扳手，绝缘电阻表。

拓展知识点：电路图，机械装配图。

培训内容

3.1　电工基础

（1）熟练掌握电工识图。

（2）掌握低压电控柜安装规范。

3.2　机械装配基础

（1）熟练掌握机械装配图识图。

（2）熟练掌握公差配合。

（3）熟练掌握拆卸清洗。

（4）熟练掌握装配作业基本要求。

（5）熟练掌握过盈连接的装配。

3.3　螺纹紧固件的安装与拆卸

（1）熟悉螺纹紧固件的类型。

（2）熟练掌握螺纹紧固件的预紧。

（3）掌握螺纹紧固件的拆卸。

3.4　轴对中

（1）掌握轴对中的定义。

（2）掌握轴不对中的类型。

（3）熟练掌握轴对中方法。

（4）熟练掌握激光对中系统及使用。

3.5　起重作业

（1）掌握起重机械的分类及起重术语。

（2）掌握起重指挥人员使用的手势信号。

（3）熟练掌握常用吊具及使用注意事项。

3.6 检修典型工具

（1）熟悉扭矩扳手分类及特点。

（2）熟练掌握手动扭矩扳手类型及使用注意事项。

（3）熟练掌握液压扳手的类型、连接及调试。

（4）熟练掌握万用表的分类及使用。

（5）熟练掌握绝缘电阻表的选择及使用。

（6）熟练掌握钳形电流表的使用。

（7）掌握微欧计的适用范围。

（8）熟练掌握手持电动工具的分类及使用注意事项。

（9）熟悉塞尺的使用。

（10）熟悉百分表的结构及正负定义。

第 4 章　变桨系统维护与检修

学习提示

液压变桨和电动变桨系统的功能类似，但具体实现差别很大。对于液压变桨，重点理解比例阀的组成结构和工作原理。对于电动变桨，重点理解伺服电机工作原理，熟悉有关检测信号。

基本知识点：比例阀，变桨轴承，变桨缸，变桨滑环，伺服电机。

培训内容

4.1 变桨系统

（1）了解变桨系统基本功能与结构。

（2）对于液压变桨系统，了解液压站构成，熟悉比例阀结构及有关知识，了解液压缸结构及有关知识，了解轮毂中的液压传动机械结构如三脚架、液压变桨轴等。

（3）对于电动变桨系统，要求了解电动变桨系统构成，熟悉变桨系统的后备动力源（包括蓄电池和超级电容）。

4.2 变桨系统的检查与测试

熟悉液压变桨系统位置校正检测，掌握变桨系统气动刹车性能测试。

4.3 变桨系统的定期维护

掌握液压变桨系统定期维护相关知识和要求，掌握电动变桨系统定期维护相关知识和要求，熟练掌握后备电源测试与检查方法。

4.4 变桨系统的典型故障处理

掌握液压变桨系统典型故障处理方法，掌握电动变桨系统典型故障处理方法。

4.5 变桨系统的大修

了解典型大修流程：更换轮毂与叶片，更换变桨轴承，更换液压变桨轴及三脚架。

第5章 叶片的维护与检修

学习提示

叶片的空气动力外形复杂、受力情况复杂，长期运行中可能出现的损伤和故障多种多样。了解叶片结构、认识各种叶片故障形式，是进行叶片检查检测、定期维护和故障处理的基础。

基本知识点：主梁，腹板，前缘，后缘。

拓展知识点：前缘开裂，横向裂纹。

培训内容

5.1 叶片功能和结构

了解叶片功能与结构。

5.2 叶片的检查与检测

掌握叶片检查与测试方法。

5.3 叶片的定期维护

掌握叶片定期维护要求，包括日常检查和接近式检查。

5.4 叶片典型问题及案例

掌握叶片典型故障处理。

5.5 了解叶片维修方法

第6章 主轴及齿轮箱维护与检修

学习提示

主轴及其支撑和齿轮箱总成是风电机组传动链的两个主要部分。学习本章，应熟悉各部分的结构和功能，掌握各部分常见的故障类型，了解各部分的检查和测试要求，理解各部分定期维护的项目设置，掌握典型故障处理思路方法和设备大修更换的工艺流程。

基本知识点：齿轮箱总成，点蚀，胶合，弹性支撑。

拓展知识点：润滑系统，滤芯。

🌱 **培训内容**

6.1 传动链

（1）熟悉主轴和齿轮箱的连接在传动链中的布局形式。

（2）了解齿轮箱在机舱中的布局可连接方式。

6.2 主轴和齿轮箱主要故障类型

（1）熟练掌握主轴及支持系统的主要故障类型。

（2）熟练掌握齿轮箱总成的主要故障类型。

（3）熟练掌握常见的齿面失效形式、形成原因及预防措施（能够判断原因，编写报告）。

6.3 检查和测试

（1）熟练掌握主轴轴承的检查。

（2）熟练掌握齿轮箱本体的检查。

（3）熟练掌握齿轮箱弹性支撑的检查。

（4）熟练掌握齿轮箱润滑及冷却系统的检查。

（5）熟练掌握高强紧固件的检查。

（6）熟练掌握主轴和齿轮箱的状态监测。

（7）熟练掌握主轴和齿轮箱金属部件的缺陷检测。

6.4 定期维护

（1）熟练掌握主轴轴承的定期维护。

（2）熟练掌握齿轮箱本体的定期维护。

（3）熟练掌握齿轮箱润滑及冷却系统的定期维护。

6.5 典型故障处理

（1）熟练掌握主轴轴承的故障处理。

（2）熟练掌握齿轮箱本体损伤与故障处理。

（3）熟练掌握齿轮箱润滑及冷却系统故障处理。

（4）熟练掌握主轴和齿轮箱的连接螺栓断裂故障处理。

6.6 设备大修

（1）掌握主轴和齿轮箱更换及大修。

（2）掌握齿轮箱高速轴大修及更换。

（3）掌握齿轮箱弹性支撑大修及更换。

（4）掌握齿轮箱润滑及冷却系统大修及更换。

第 7 章 发电机维护与检修

🌀 学习提示

本章介绍风电机组发电机的维护要求和故障处理方法。应结合发电机类型及功能了解发电机的常见故障类型。振动测试是及早识别出发电机机械部分（主要是轴承和转子）潜在故障隐患的重要手段；发电机直阻测量和绝缘电阻测量则是电气故障的主要判定途径。维护清单是发电机定期维护的首要依据。清单具体内容因不同机型不同运行阶段会有所不同有所侧重。对典型故障，应了解判定方法、处理步骤及工具使用。本章给出某机型发电机整体更换实例，通过这部分内容有助于了解相关工作的复杂性和规范性。

基本知识点：振动检测，直阻测量，绝缘测试，维护清单，发电机对中。

拓展知识点：转子断条，轴承损坏，转子扫膛，轴电流。

🌱 培训内容

7.1 发电机的功能与结构

熟悉发电机功能与结构。

7.2 检查与测试

（1）熟悉鼠笼式发电机检查与测试。

（2）熟悉双馈异步发电机检查与测试。

（3）熟悉永磁同步发电机检查与测试。

7.3 定期维护

掌握发电机定期维护要求。

7.4 典型故障处理

了解发电机典型故障处理。

7.5 发电机大修

了解发电机大修。

第 8 章 控制系统维护与检修

🌀 学习提示

风电机组的控制系统是以主控制器为核心的分布式控制系统，具有监测、控制和保护功能。安全链是相对独立的紧急保护回路。理解安全链回路构成和动作过程以及机组内部通信机制学习是本章学习的重点和难点。

基本知识点：安全链，反逻辑，转矩控制。

拓展知识点：电涌保护，总线故障，转速比较故障。

🌱 培训内容

8.1 控制系统功能与结构

（1）掌握定桨距失速型机组控制系统功能与结构。

（2）掌握变桨距双馈机组控制系统功能与结构。

（3）掌握永磁同步机组控制系统功能与结构。

（4）了解安全链。

（5）了解控制系统中的电气元件。

8.2 了解控制系统检查与测试

通信检测，安全链检测，后备电源检测，控制器状态检测，传感器测试，通风与加热测试。

8.3 掌握控制系统定期维护的要求

8.4 熟悉控制系统典型故障处理

通信中断，总线故障，安全链无法复位，温度高故障，转速比较故障。

第9章 变流器维护与检修

🌀 学习提示

变流器正常工况，一为不进行调制的预充电，一为受调制的发电励磁。当机组外部电压骤降时，Crowbar 回路立即投入，保护发电机转子绕组和变流器本体。理解各种运行工况的相关回路和运行原理，可以深入理解变流器各种测试的目的作用，掌握变流器测试步骤要求及典型故障处理的思路方法。

基本知识点：PWM 控制，Crowbar，预充电。

拓展知识点：IGBT，续流二极管，极性测试。

🌱 培训内容

9.1 变流器的功能与结构

（1）熟悉变流器功能与结构。

（2）掌握有关变流器的基本概念：PWM 控制、Crowbar 电路、预充电等。

（3）了解变流器主要元器件。

9.2 检查与测试

（1）熟悉有关变流器测试要求：IGBT 检测，预充电测试，发电机极性测试，Crowbar 测试，UPS 测试，变流器主断路器吸合测试。

（2）了解变流器冷却系统测试。

9.3 定期维护

熟悉变流器定期维护，储能器件操作安全：电容器操作前放电。

9.4 典型故障处理

熟悉变流器典型故障处理。

第 10 章 液压与刹车系统维护与检修

学习提示

了解液压系统组成及其部件，弄懂液压系统图，在此基础上了解液压系统的检查与测试、定期维护要求和故障处理思路方法。对刹车系统的学习与此类似。

基本知识点：比例阀，制动钳，液压系统图。

拓展知识点：液压滑环，刹车间隙调整。

培训内容

10.1 液压与刹车系统

（1）了解液压系统功能与结构。

（2）了解液压系统主要部件。

（3）了解刹车系统功能与结构。

10.2 检查与测试

熟悉蓄能器检测、液压系统压力检测、液压油检测、机械制动钳检测。

10.3 定期维护

（1）熟悉液压系统定期维护。

（2）熟悉刹车系统定期维护。

10.4 典型故障处理

掌握液压系统典型故障处理。

10.5 刹车盘更换

了解刹车盘拆卸与安装。

第 11 章　偏航系统维护与检修

学习提示

风的变化在速度之外还有方向的变化。叶片变桨和发电机变速是应对风速变化，偏航系统则是水平轴风电机组应对风向变化的特定装置。不同机型偏航系统的实际构成可能有明显差异，需要区别对待。

基本知识点：偏航齿圈，偏航传感器，偏航减速机，偏航衬垫。

培训内容

11.1　偏航系统

（1）掌握偏航系统功能与结构。

（2）了解偏航系统主要部件。

11.2　检查与测试

熟悉风向标风速仪检测、偏航传感器检测、偏航电机检测。

11.3　定期维护

（1）熟悉偏航系统定期维护项目。

（2）熟悉偏航系统定期维护润滑项目。

（3）熟悉偏航减速机维护。

（4）熟悉偏航制动装置维护。

11.4　典型故障处理

掌握偏航系统典型故障处理。

11.5　大修

了解偏航系统大修。

第 12 章　塔架与基础

学习提示

塔架支承机舱，基础承载机舱和塔架。基础和塔架的检查与测试，事关风电机组整体安全，是本章的学习重点。

基本知识点：沉降观测，基础环，塔架连接螺栓。

培训内容

12.1　塔架与基础作用与分类

（1）了解基础的作用与分类。

（2）了解塔架的作用与分类。

12.2　塔架及基础的检查与测试

（1）熟练掌握不均匀沉降观察。

（2）熟练掌握基础环的水平度。

（3）掌握垂直度检查。

（4）了解钢筋腐蚀试验。

（5）掌握焊缝的检查。

（6）了解盐雾腐蚀试验。

（7）了解螺栓性能试验。

12.3　定检项目

熟练掌握定检部件、方法、标准及周期。

12.4　塔架检修工艺

（1）掌握塔架连接螺栓的更换。

（2）掌握塔架焊缝缺陷的返修。

（3）掌握塔架油漆修补方案。